ENTOMOLOGISCHE ABHANDLUNGEN

STAATLICHES MUSEUM FÜR TIERKUNDE IN DRESDEN

Band 40 | Ausgegeben: 18. Dezember 1974 | Nr. 3

Das Typen-Material der Zikaden (Homoptera, Auchenorrhyncha) des Staatlichen Museums für Tierkunde Dresden

III. Teil: Cercopoidea

RAINER EMMRICH

Dresden

Mit der Gruppe der *Cercopoidea* soll die Erfassung des Typen-Materials der Zikaden aus dem Staatlichen Museum für Tierkunde Dresden fortgesetzt werden. [1]) Entsprechend den von JACOBI bevorzugten taxonomischen Arbeitsschwerpunkten ist ein qualitativ ziemlich umfangreiches Spektrum von Arten aus dieser Gruppe vertreten, deren hier vorhandene Exemplare Typen-Status aufweisen. JACOBI bearbeitete die *Cercopoidea* in weltweitem Umfange, so daß das vorhandene Typen-Material auch allen zoogeographischen Regionen (mit Ausnahme der paläarktischen Region) entstammt. Neben den von JACOBI benannten Arten enthält die Sammlung auch Typen-Material von EDM. SCHMIDT sowie in Einzelfällen von BREDDIN und HAUPT.

Für die Erfassung, Anordnung und Wiedergabe des vorliegenden Materials waren die gleichen Gesichtspunkte maßgebend, wie in der Einleitung zum I. Teil genannt. Die wiedergegebenen geographischen Bezeichnungen sind vom historischen Gesichtspunkt aus zu sehen, sie können nicht die gegenwärtige Situation widerspiegeln. In einigen Fällen wurden jedoch zur genaueren Definition in Klammern die heutigen offiziellen Landesbezeichnungen angefügt.

Es zeigte sich auch hier, daß über Umfang, Zusammensetzung und Besitzverhältnisse der Typen-Exemplare bzw. -Serien nur in wenigen Fällen exakte Angaben in den Originaldiagnosen gegeben worden sind. Bei umfangreichen Typen-Serien JACOBIs aus dem Besitz fremder Institutionen oder Personen fanden sich in der Dresdener Sammlung häufig einzelne Exemplare aus diesen Serien, ohne daß ein entsprechender Vermerk bei der Beschreibung gegeben worden wäre. Auf der anderen Seite überließen auch die genannten Autoren Belegstücke ihrer Arten für die Sammlung JACOBIs, ebenfalls ohne entsprechenden Hinweis. Auf diese Weise ergaben sich weitere Exemplare mit Typen-Status für eine mögliche Nutzung. Darüber hinaus waren öfter, wie schon im I. Teil genannt, weitere Exemplare aus den originalen Typen-Serien, jedoch ohne eine Etikettierung durch JACOBI als „Typen“, in der Sammlung vertreten, die hier in allen Fällen als „zusätzliches Material“ mit aufgeführt werden. Schließlich werden am Ende wiederum die Arten genannt,

[1]) Der I. und II. Teil erschien in: Ent. Abh. Mus. Tierk. Dresden, Bd. 39, Nr. 5, p. 247–267, 1973.

deren Exemplare von JACOBI mit Namenszetteln sowie „Typus"-Etiketten versehen worden sind, für die sich aber im einschlägigen Schrifttum von JACOBI keine Beschreibung sowie auch keine Nennung ihres Namens finden läßt.

Die folgende Aufstellung beinhaltet für die Gruppe der *Cercopoidea* Typen-Material von 223 Arten bzw. subspezifischen Einheiten. Insgesamt enthält die Sammlung des Dresdener Museums (nach dem Stand der von JACOBI vorgenommenen oder von ihm überprüften Determinationen) von der genannten Einheit der *Cercopoidea* ca. 610 Arten bzw. Formen.

Machaerotidae

bipunctata HAUPT, 1923 (*Weigoldella*)
(Deut. Ent. Z., 1923, p. 300, fig. 3)
2 ♀ Syntypen, Kwanhsien, Szetschuan, leg. Exp. STÖTZNER.

finitima JACOBI, 1928 (*Machaerota*)
(Ark. Zool., Stockholm, 19, p. 45–46, fig. 30)
1 ♀ Syntypus, Kaiser-Wilhelm-Land (Neuguinea), leg. SCHLAGINHAUFEN.

notoceras EDM. SCHMIDT, 1907 (*Machaerota*)
(Stettin. Ent. Z., 68, p. 192–194)
1 ♀ Syntypus (stylopisiert!), Soekaranda, Sumatra, leg. DOHRN.

obscurior JACOBI, 1921 (*Neuromachaerota*)
(Arch. Naturgesch., 87, p. 2–3)
1 ♀ Holotypus, Deutsch-Ostafrika (Tansania).

tmetoptera JACOBI, 1928 (*Soa*)
(Ark. Zool., Stockholm, 19, p. 47)
1 ♂ Syntypus, Mt. Tambourine, Queensland, leg. Exp. SJÖBERG.

turbinata EDM. SCHMIDT, 1907 (*Grypomachaerota*)
(Stettin. Ent. Z., 68, p. 182–183, fig. 6)
2 ♀ Syntypen, Java, leg. FRUHSTORFER.

Cercopidae

aequinoctialis JACOBI, 1908 (*Tomaspis*)
(Sitz.-Ber. Ges. naturf. Freunde Berlin, 1908, p. 211)
1 ♂ Syntypus, Baños, Ecuador, leg. HAENSCH; 2 ♀ Syntypen, Santa Inez, Ecuador, leg. HAENSCH.

alahana JACOBI, 1921 (*Leptataspis*)
(Arch. Naturgesch., 87, p. 57–58)
3 ♀ Syntypen (= Holotypus + 2 Paratypen), Alahan, Sumatra, leg. MICHOLITZ.

amauroptera JACOBI, 1903 (*Locris*)
(Zool. Jahrb. Syst., 19, p. 772–773, tabl. 44, fig. 7)
2 ♂, 1 ♀ Syntypen, Habesch (Äthiopien), leg. NEUMANN.

andigena JACOBI, 1908 (*Tomaspis*)
(Sitz.-Ber. Ges. naturf. Freunde Berlin, 1908, p. 215)
2 ♂ Syntypen, Paramba, Ecuador, coll. ROSENBERG.

angulata JACOBI, 1942 (*Tomaspisinella*)
(TITSCHACK, E., Beitr. z. Fauna Perus, Bd. 2, p. 117 [= Bd. 3, Jena 1952, p. 111])
2 ♀ Syntypen, Yungas, Bolivien N, leg. GARLEPP. Im General Catalogue von METCALF nicht erfaßt.

apicalis EDM. SCHMIDT, 1909 (*Simeliria*)
(Stettin. Ent. Z., 70, p. 290–291)
1 ♀ Syntypus, Goenoeng Sitoli, Nias (Indonesien).

apicalis JACOBI, 1921 (*Trichoscarta*)
(Arch. Naturgesch., 87, p. 48)
1 ♂ Holotypus, Mailu, Brit.-Neuguinea (Papua), coll. ROSENBERG.

atra JACOBI, 1927 (*Poeciloterpa*)
(Philippin. J. Sci., 32, p. 550–551)
2 ♀ Syntypen (= Holotypus + 1 Paratypus), Island of Polillo (Philippinen), leg. BAKER. Zusätzliches Material: 7 ♀, Island of Polillo (Philippinen), leg. BAKER.

basilana JACOBI, 1927 (*Mioscarta*)
(Philippin. J. Sci., 32, p. 550)
3 ♀ Syntypen, Island of Basilan (Philippinen), leg. BAKER.

biformis JACOBI, 1921 (*Locris*)
(Arch. Naturgesch., 87, p. 38)
2 ♀ Syntypen, Bismarckburg (Fazao?), Togo, leg. CONRADT. Zusätzliches Material: 2 ♀, wie vor.; 1 ♀, Bismarckburg, (Fazao?), Togo, leg. BÜTTNER.

birmanica JACOBI, 1905 (*Phymatostetha*)
(Mitt. Zool. Mus. Berlin, 3, p. 20, tabl. 1, fig. 8)
1 ♂, 1 ♀ Syntypen, Carin-Cheba (Burma).

bobischi JACOBI, 1908 (*Tomaspis*)
(Sitz.-Ber. Ges. naturf. Freunde Berlin, 1908, p. 205–206)
1 ♂ Syntypus, Terra caliente, Bogota, leg. BOBISCH.

boliviana JACOBI, 1908 (*Tomaspis*)
(Sitz.-Ber. Ges. naturf. Freunde Berlin, 1908, p. 212)
1 ♂, 2 ♀ Syntypen, Curoico, Bolivien N, leg. GARLEPP. Zusätzliches Material: 2 ♂, 4 ♀, wie vor.

borneensis EDM. SCHMIDT, 1911 (*Leptataspis*)
(Stettin. Ent. Z., 72, p. 90)
1 ♀ Syntypus, Nordborneo, leg. WATERSTRADT.

caligata JACOBI, 1908 (*Tomaspis*)
(Sitz.-Ber. Ges. naturf. Freunde Berlin, 1908, p. 207–208)
3 ♂, 1 ♀ Syntypen, Pachitea, Peru C, leg. GARLEPP; 1 ♂ Syntypus, Mapiri, Bolivien N, leg. GARLEPP; 1 ♀ Syntypus, Marcapata, Peru S, leg. GARLEPP. Zusätzliches Material: 2 ♂, 2 ♀, Pachitea, Peru C, leg. GARLEPP; 1 ♂, 2 ♀, Marcapata, Peru S, leg. GARLEPP.

catella JACOBI, 1908 (*Tomaspis*)
(Sitz.-Ber. Ges. naturf. Freunde Berlin, 1908, p. 206)
2 ♂, 1 ♀ Syntypen, Marcapata, Peru S, leg. GARLEPP; 2 ♀ Syntypen, Pachitea, Peru C, leg. GARLEPP; 1 ♂ Syntypus, Mapiri, Bolivien N, leg. GARLEPP.

centurio JACOBI, 1908 (*Tomaspis*)
(Sitz.-Ber. Ges. naturf. Freunde Berlin, 1908, p. 204)
3 ♂, 3 ♀ Syntypen, Marcapata, Peru S, leg. GARLEPP; 1 ♂ Syntypus, Chanchamayo, Peru S, leg. GARLEPP; 1 ♂ Syntypus (var. a), Chanchamayo, Peru S, leg. GARLEPP; 1 ♀ Syntypus (var. b), Chanchamayo, Peru S, leg. GARLEPP. Zusätzliches Material: 6 ♂, 2 ♀, Marcapata, Peru S, leg. GARLEPP; 1 ♂, Pachitea, Peru C, leg. GARLEPP.

chloe JACOBI, 1921 (*Leptataspis*)
(Arch. Naturgesch., 87, p. 60)
1 ♀ Syntypus, Sattelberg, Huon-Golf, Neuguinea, coll. BIRÓ.

chrysops JACOBI, 1921 (*Megastethodon*)
(Arch. Naturgesch., 87, p. 56–57)
1 ♂, 1 ♀ Syntypen (= Holotypus + 1 Paratypus), Torricelli-Gebirge, Kaiser-Wilhelm-Land (Neuguinea), leg. SCHLAGINHAUFEN.

clarissa JACOBI, 1921 (*Tomaspis*)
(Arch. Naturgesch., 87, p. 41–42)
3 ♂ Syntypen, Jalapa, Mexico. Zusätzliches Material: 5 ♂, 3 ♀, Jalapa, Mexico.

clarivenosa JACOBI, 1908 (*Tomaspis*)
(Sitz.-Ber. Ges. naturf. Freunde Berlin, 1908, p. 213)
1 ♀ / 1 Ex. (ohne Abdomen) Syntypen, Santa Inez, Ecuador, leg. HAENSCH.

claviformis JACOBI, 1908 (*Tomaspis*)
(Sitz.-Ber. Ges. naturf. Freunde Berlin, 1908, p. 212)
2 ♀ Syntypen, Chanchamayo, Peru S, leg. GARLEPP; 1 ♀ Syntypus, Chanchamayo, Peru, leg. THAMM.

coerulans JACOBI, 1905 (*Cosmoscarta*)
(Mitt. Zool. Mus. Berlin, 3, p. 16)
2 ♂ Syntypen, Sumatra; 1 Ex. Syntypus (Abdomen stark beschädigt), Sumatra.

colona JACOBI, 1927 (*Eoscarta*)
(Philippin. J. Sci., 32, p. 551)
1 ♂, 1 ♀ Syntypen (= Holotypus + 1 Paratypus), Pondicherry (Indien).

comes JACOBI, 1921 (*Thoodzata*)
(Arch. Naturgesch., 87, p. 23)
1 ♀ Holotypus (stark beschädigt), Sikkim (Indien).

consul JACOBI, 1908 (*Ischnorhina*)
(Sitz.-Ber. Ges. naturf. Freunde Berlin, 1908, p. 203)
1 ♂ Syntypus, Marcapata, Peru S, leg. GARLEPP; 1 ♂ Syntypus, Chanchamayo, Peru S, leg. GARLEPP; 1 ♀ Syntypus (var. a), Chanchamayo, Peru S, leg. GARLEPP; 1 ♀ Syntypus (var. b), Chanchamayo, Peru S, leg. GARLEPP; 1 ♀ Syntypus (var. b), Chanchamayo, Peru, coll. ROSENBERG.

coruscans JACOBI, 1912 (*Pisidice*)
(Wiss. Ergebn. Deutsch. Zentral-Afrika-Exped. 1907–08, Bd. IV, Zool., Leipzig, p. 28, tabl. 2, fig. 6)
1 ♀ Syntypus, Ruwenzori, Westseite (Uganda), leg. SCHUBOTZ.

costalis EDM. SCHMIDT, 1911 (*Leptataspis*)
(Stettin. Ent. Z., 72, p. 91)
1 ♂, 1 ♀ Syntypen, Soekaranda, Sumatra, leg. DOHRN.

cuneifer JACOBI, 1921 (*Megastethodon*)
(Arch. Naturgesch., 87, p. 55–56)
1 ♂ Holotypus, Torricelli-Gebirge, Kaiser-Wilhelm-Land (Neuguinea), leg SCHLAGINHAUFEN.

dirce BREDDIN, 1901 (*Cosmoscarta*)
(Abh. Naturf. Ges. Halle, 24, p. 114)
1 ♂ Syntypus, Sula Mangoli, Doherty, leg. FRUHSTORFER. Zusätzliches Material: 5 ♂, Sula Mangoli, Doherty, leg. FRUHSTORFER.

discors JACOBI, 1942 (*Tomaspis*)
(TITSCHACK, E., Beitr. z. Fauna Perus, Bd. 2, p. 116 [= Bd. 3, Jena 1952, p. 110])
1 ♂ Holotypus, Urubamba, Peru S, leg. GARLEPP. Im General Catalogue von METCALF nicht erfaßt.

emeritus JACOBI, 1908 (*Tomaspis*)
(Sitz.-Ber. Ges. naturf. Freunde Berlin, 1908, p. 210–211)
1 ♂, 2 ♀ Syntypen, Marcapata, Peru S, leg. GARLEPP; 1 ♀ Syntypus, Yungás, Bolivien N, leg. GARLEPP.

erato BREDDIN, 1903 (*Cosmoscarta*)
(Deut. Ent. Z., 1903, p. 93)
1 ♂ Syntypus, Tambora, Sumbawa, leg. FRUHSTORFER. Zusätzliches Material: 2 ♂, Tambora, Sumbawa, leg. FRUHSTORFER.

euterpe JACOBI, 1921 (*Leptataspis*)
(Arch. Naturgesch., 87, p. 59)
1 ♂, 1 ♀ Syntypen (= Holotypus + 1 Paratypus), Alahan, Sumatra, leg. MICHOLITZ.

fissurata JACOBI, 1917 (*Amberana*)
(VOELTZKOW, A., Reise in Ostafrika in den Jahren 1903–1905, 3. Band, Stuttgart, p. 543, tabl. 32, fig. 13)
2 ♂ Syntypen, Amber-Gebirge, Madagaskar.

flavobasalis JACOBI, 1927 (*Mioscarta*)
(Philippin. J. Sci., 32, p. 550)
1 ♂, 1 ♀ Syntypen (= Holotypus + 1 Paratypus), Island of Samar (Philippinen), leg. BAKER.

flavolateralis JACOBI, 1921 (*Megastethodon*)
(Arch. Naturgesch., 87, p. 57)
1 ♀ Holotypus, Neuguinea.

flexuosa JACOBI, 1936 (*Locris*)
(Arquivos do Museu Bocage, Lissabon, 7, p. 42–43)
1 ♀ Syntypus, Bimbi, Angola, leg. Miss. sci. Suisse.

formosula EDM. SCHMIDT, 1911 (*Leptataspis*)
(Stettin. Ent. Z., 72, p. 98–100)
1 ♂ Syntypus, Soekaranda, Sumatra, leg. DOHRN.

fruhstorferi JACOBI, 1902 (*Cosmoscarta*)
(Sitz.-Ber. Ges. naturf. Freunde Berlin, 1902, p. 23)
2 ♂ Syntypen, Chiem-Hoa, Tonking (Dem. Rep. Vietnam), leg. FRUHSTORFER.

fuscipennis HAUPT, 1923 (*Eoscarta*)
(Deut. Ent. Z., 1923, p. 305)
1 ♀ Syntypus, Kwanhsien, Szetschuan, leg. Exp. STÖTZNER. Zusätzliches Material: 2 ♀, Kwanhsien, Szetschuan, leg. Exp. STÖTZNER.

galbana JACOBI, 1908 (*Tomaspis*)
(Sitz.-Ber. Ges. naturf. Freunde Berlin, 1908, p. 210)
1 ♂, 2 ♀ Syntypen, Marcapata, Peru S, leg. GARLEPP; 1 ♀ Syntypus, Chanchamayo, Peru S, leg. GARLEPP. Zusätzliches Material: 6 ♂, 2 ♀, Marcapata, Peru S, leg. GARLEPP.

geniculata JACOBI, 1905 (*Cosmoscarta*)
(Mitt. Zool. Mus. Berlin, 3, p. 11, tabl. 1, fig. 4)
1 ♂, 1 ♀ Syntypen, Bongu, Neuguinea. Zusätzliches Material: 1 ♀, Bongu, Neuguinea.

gloriosa JACOBI, 1908 (*Tomaspis*)
(Sitz.-Ber. Ges. naturf. Freunde Berlin, 1908, p. 209)
3 ♀ Syntypen, Mapiri, Bolivien N, leg. GARLEPP.

haglundi EDM. SCHMIDT, 1920 (*Literna*)
(Arch. Naturgesch., 85, p. 107)
1 ♂ Syntypus, Barombi, Kamerun, leg. CONRADT.

hainanensis JACOBI, 1921 (*Cosmoscarta*)
(Arch. Naturgesch., 87, p. 53—54)
1 ♂ Syntypus, Insel Hainan (China), leg. SCHOEDE.

herossa JACOBI, 1921 (*Cosmoscarta*)
(Arch. Naturgesch., 87, p. 53)
3 ♂ Syntypen (= Holotypus + 2 Paratypen), Tschönting, Nordchina.

horvathi JACOBI, 1921 (*Leptataspis*)
(Arch. Naturgesch., 87, p. 59–60)
1 ♂ Syntypus, Sattelberg, Huon-Golf, Neuguinea, coll. BIRÓ.

icterica JACOBI, 1902 (*Phymatostetha*)
(Sitz.-Ber. Ges. naturf. Freunde Berlin, 1902, p. 24–25)
1 ♂, 2 ♀ Syntypen, Mau-Son, Tonking (Dem. Rep. Vietnam), leg. FRUHSTORFER.

indecisa JACOBI, 1921 (*Cosmoscarta*)
(Arch. Naturgesch., 87, p. 54)
2 ♂, 2 ♀ Syntypen, Kiukiang, China.

inflata JACOBI, 1908 (*Tomaspis*)
(Sitz.-Ber. Ges. naturf. Freunde Berlin, 1908, p. 213)
2 ♂, 1 ♀ Syntypen, Pachitea, Peru C, leg. GARLEPP; 1 ♂ Syntypus, Vilcanota, Peru S, leg. GARLEPP. Zusätzliches Material: 5 ♂, 6 ♀, Marcapata, Peru S; 1 ♀, Vilcanota, Peru S; 1 ♀, Urubamba, Peru S; 1 ♂, 4 ♀, Yungas, Bolivien N; 2 ♂, 6 ♀, Mapiri, Bolivien N; 8 ♂, 9 ♀, Curoico, Bolivien N; 7 ♂, 7 ♀, Callanga, Peru S; alle leg. GARLEPP.

interrupta EDM. SCHMIDT, 1920 (*Homalogrypota*)
(Stettin. Ent. Z., 81, p. 89)
1 ♂ Syntypus, Prov. Sara, Bolivien, leg. STEINBACH.

invalida JACOBI, 1908 (*Ischnorhina*)
(Sitz.-Ber. Ges. naturf. Freunde Berlin, 1908, p. 204)
1 ♂ Syntypus, Terra caliente, Bogota, leg. BOBISCH.

invenusta JACOBI, 1903 (*Tomaspis*)
(Zool. Jahrb. Syst., 19, p. 771–772, tabl. 44, fig. 6, 6a)
1 ♀ Syntypus, Habesch (Äthiopien), leg. NEUMANN.

jucunda JACOBI, 1905 (*Cosmoscarta*)
(Mitt. Zool. Mus. Berlin, 3, p. 15–16, tabl. 1, fig. 2)
1 ♀ Holotypus, Singalang, Sumatra, leg. MICHOLITZ.

jugalis JACOBI, 1921 (*Locris*)
(Arch. Naturgesch., 87, p. 36)
3 ♂ Syntypen, Lindi, Deutsch-Ostafrika (Tansania); 2 ♀ Syntypen, Manow, Deutsch-Ostafrika (Tansania); 1 ♀ Syntypus, Blantyre, Nyassaland (Malawi), leg. NEAVE.

krügeri EDM. SCHMIDT, 1906 (*Sialoscarta*)
(Stettin. Ent. Z., 67, p. 279–280)
1 ♀ Syntypus, Soekaranda, Sumatra, leg. DOHRN.

lallemandi JACOBI, 1917 (*Dauphina*)
(VOELTZKOW, A., Reise in Ostafrika in den Jahren 1903–1905, 3. Band, Stuttgart, p. 543, tabl. 33, fig. 25)
5 ♀ (unbezeichnet), Androna, Madagaskar; 2 ♀ (unbezeichnet), Amber-Gebirge, Madagaskar, coll. STAUDINGER.

lateralis JACOBI, 1927 (*Cosmoscarta*)
(Philippin. J. Sci., 32, p. 551)
1 ♂, 1 ♀ Syntypen (= Holotypus + 1 Paratypus), Island of Samar (Philippinen), leg. BAKER.

latior JACOBI, 1910 (*Locris*)
(Sitz.-Ber. Ges. naturf. Freunde Berlin, 1910, p. 303–304, fig. B)
1 ♂, 1 ♀ Syntypen (= Holotypus + 1 Paratypus), Nguelo, Usambara (Tansania).

latipennis JACOBI, 1905 (*Cosmoscarta*)
(Mitt. Zool. Mus. Berlin, 3, p. 10–11, tabl. 1, fig. 16)
1 ♂ Holotypus, Etna-Bay, Neuguinea (Irian, Indonesien), leg. FRUHSTORFER.

limbipennis JACOBI, 1905 (*Eoscarta*)
(Mitt. Zool. Mus. Berlin, 3, p. 22)
1 ♀ Holotypus, Singalang, Sumatra, leg. MICHOLITZ.

limonias JACOBI, 1921 (*Leptataspis*)
(Arch. Naturgesch., 87, p. 62)
1 ♂ Holotypus, Torricelli-Gebirge, Kaiser-Wilhelm-Land (Neuguinea), leg. SCHLAGINHAUFEN.

livida JACOBI, 1910 (*Locris*)
(Wiss. Ergebn. Schwed. Exp. Deutsch-Ostafrika 1905–1906, 12: Hem., 7: Hom., Stockholm, p. 112–113, fig. B)
1 ♂, 1 ♀ Syntypen, Kibonoto, Kilimanjaro (Tansania), leg. Exp. SJÖSTEDT. Zusätzliches Material: 2 ♂, 1 ♀, Kibonoto, Kilimanjaro (Tansania), leg. Exp. SJÖSTEDT.

livida JACOBI, 1908 (*Tomaspis*)
(Sitz.-Ber. Ges. naturf. Freunde Berlin, 1908, p. 211)
1 ♂, 1 ♀ Syntypen, Baños, Ecuador, leg. HAENSCH.

lombokensis JACOBI, 1921 (nom. nov. pro *Cosmoscarta fuscipennis* BREDDIN, 1899, nec LEPELETIER/SERVILLE, 1825) (*Leptataspis*)
(Arch. Naturgesch., 87, p. 58)
1 ♂ Syntypus, Sapit, Lombok, leg. FRUHSTORFER; 3 ♂, 1 ♀ Syntypen, Sambalun, Lombok, leg. FRUHSTORFER.

lucidus JACOBI, 1928 (*Aufidus*)
(Ark. Zool., Stockholm, 19, p. 49–50)
1 ♂ Syntypus, Malanda, Queensland, leg. Exp. MJÖBERG. Zusätzliches Material: 1 ♂, 2 ♀, Malanda, Queensland, leg. Exp. MJÖBERG.

lucifer JACOBI, 1908 (*Tomaspis*)
(Sitz.-Ber. Ges. naturf. Freunde Berlin, 1908, p. 214)
1 ♀ Syntypus, Marcapata, Peru S, leg. GARLEPP.

marmorata JACOBI, 1921 (*Trichoscarta*)
(Arch. Naturgesch., 87, p. 47–48)
1 ♂, 1 ♀ Syntypen (= Holotypus + 1 Paratypus), Aroa-Fluß, Britisch-Neuguinea (? Papua), leg. WEISKE.

martyr JACOBI, 1905 (nom. nov. pro *Phymatostetha insignis* JACOBI, 1902, nec DISTANT, 1878) (*Phymatostetha*)
(Zool. Jahrb. Syst., 21, p. 442–443, tabl. 21, fig. 10)
2 ♀ Syntypen, Mau-Son, Tonking (Dem. Rep. Vietnam), leg. FRUHSTORFER. Zusätzliches Material: 1 ♂, Mau-Son, Tonking (Dem. Rep. Vietnam), leg. FRUHSTORFER.

melanops JACOBI, 1917 (*Dauphina*)
(VOELTZKOW, A., Reise in Ostafrika in den Jahren 1903–1905, 3. Band, Stuttgart, p. 543)
1 ♀ Holotypus, Moramanga, Madagaskar.

minuscula JACOBI, 1908 (*Tomaspis*)
(Sitz.-Ber. Ges. naturf. Freunde Berlin, 1908, p. 208)
3 ♂, 1 ♀ Syntypen, Pachitea, Peru C, leg. GARLEPP.

moi JACOBI, 1902 (*Phymatostetha*)
(Sitz.-Ber. Ges. naturf. Freunde Berlin, 1902, p. 25)
2 ♀ Syntypen, Than-Moi, Tonking (Dem. Rep. Vietnam), leg. FRUHSTORFER; 1 ♀ Syntypus, Chiem-Hoa, Tonking (Dem. Rep. Vietnam), leg. FRUHSTORFER; (= Holotypus + 2 Paratypen).

monticola JACOBI, 1921 (*Leptynis*)
(Arch. Naturgesch., 87, p. 35)
2 ♂, 1 ♀ Syntypen, Torricelli-Gebirge, Kaiser-Wilhelm-Land (Neuguinea), leg. SCHLAG-

INHAUFEN. Zusätzliches Material: 5 ♂, 4 ♀, Torricelli-Gebirge, Kaiser-Wilhelm-Land (Neuguinea), leg. SCHLAGINHAUFEN.

morosa JACOBI, 1908 (*Tomaspis*)
(Sitz.-Ber. Ges. naturf. Freunde Berlin, 1908, p. 214–215)
2 ♂, 1 ♀ Syntypen, Pucay, Ecuador, leg. OHAUS.

neumanni JACOBI, 1903 (*Locris*)
(Zool. Jahrb. Syst., 19, p. 773–774, tabl. 44, fig. 9)
1 ♂, 4 ♀ Syntypen, Habesch (Äthiopien), leg. NEUMANN.

nigroscutellata JACOBI, 1936 (*Locris*)
(Arquivos do Museu Bocage, Lissabon, 7, p. 42)
2 ♂ Syntypen, Ebonga, Angola, leg. Miss. Sci. Suisse.

nuchalis JACOBI, 1908 (*Tomaspis*)
(Sitz.-Ber. Ges. naturf. Freunde Berlin, 1908, p. 205)
1 ♂, 4 ♀ Syntypen, Callanga, Peru S, leg. GARLEPP. Zusätzliches Material: 3 ♂, 6 ♀, Callanga, Peru S, leg. GARLEPP.

nummus JACOBI, 1921 (*Megastethodon*)
(Arch. Naturgesch., 87, p. 56)
1 ♂ Holotypus, Aroa-Fluß, Britisch-Neuguinea (?, Papua), leg. WEISKE.

obsoletus JACOBI, 1921 (*Telogmometopius*)
(Arch. Naturgesch., 87, p. 44)
1 ♀ Syntypus, Kiangsi, China; 2 ♀ Syntypen, China; (= Holotypus + 2 Paratypen).

ochromelas JACOBI, 1921 (*Megastethodon*)
(Arch. Naturgesch., 87, p. 57)
4 ♂ Syntypen, Torricelli-Gebirge, Kaiser-Wilhelm-Land (Neuguinea), leg. SCHLAGINHAUFEN. Zusätzliches Material: 9 ♂, 5 ♀, Torricelli-Gebirge, Kaiser-Wilhelm-Land (Neuguinea), leg. SCHLAGINHAUFEN.

ochroptera JACOBI, 1904 (*Locris*)
(Sitz.-Ber. Ges. naturf. Freunde Berlin, 1904, p. 16–17, fig. 3)
1 ♀ Syntypus, Habesch (Äthiopien), leg. NEUMANN.

ohausi JACOBI, 1908 (*Tomaspis*)
(Sitz.-Ber. Ges. naturf. Freunde Berlin, 1908, p. 215)
1 ♂, 1 ♀ Syntypen, Loja, Ecuador, leg. OHAUS.

oneraria JACOBI, 1942 (*Tomaspisinella*)
(TITSCHACK, E., Beitr. z. Fauna Perus, Bd. 2, p. 116 [= Bd. 3, Jena 1952, p. 110])
1 ♀ Syntypus, Campa, Südperu, leg. Hamburg. Südperu-Exped.; 1 ♀ Syntypus, Yanamonte, Südperu, leg. Hamburg. Südperu-Exped. Im General Catalogue von METCALF nicht erfaßt.

papua JACOBI, 1905 (*Cosmoscarta*)
(Mitt. Zool. Mus. Berlin, 3, p. 9–10, tabl. 1, fig. 13)
2 ♀ Syntypen, Bongu, Neuguinea.

parambae JACOBI, 1908 (*Tomaspis*)
(Sitz.-Ber. Ges. naturf. Freunde Berlin, 1908, p. 211–212)
2 ♂, 1 ♀ Syntypen, Paramba, Ecuador.

partita JACOBI, 1921 (*Ischnorhina*)
(Arch. Naturgesch., 87, p. 40)
1 ♂, 1 ♀ Syntypen, Pastazza, Ecuador; 1 ♀ Syntypus, Llanos, Ecuador. Zusätzliches Material: 1 ♀, Llanos, Ecuador.

peltasta JACOBI, 1902 (*Phymatostetha*)
(Sitz.-Ber. Ges. naturf. Freunde Berlin, 1902, p. 25)
2 ♀ Syntypen (= Holotypus + 1 Paratypus), Mau-Son, Tonking (Dem. Rep. Vietnam), leg. FRUHSTORFER.

phalerata JACOBI, 1908 (*Tomaspis*)
(Sitz.-Ber. Ges. naturf. Freunde Berlin, 1908, p. 212)
1 ♀ Syntypus, Marcapata, Peru S, leg. GARLEPP; 1 ♂ Syntypus (var. a), Chanchamayo, Peru; 1 ♀ Syntypus (var. b), Marcapata, Peru S, leg. GARLEPP. Zusätzliches Material: 1 ♂, Callanga, Peru S, leg. GARLEPP.

pica JACOBI, 1908 (*Tomaspis*)
(Sitz.-Ber. Ges. naturf. Freunde Berlin, 1908, p. 207)
2 ♀ Syntypen, Callanga, Peru S, leg. GARLEPP; 1 ♀ Syntypus, Mapiri, Bolivien N, leg. GARLEPP; 1 ♀ Syntypus, Chanchamayo, Peru S, leg. GARLEPP; 1 ♀ Syntypus, Curoico, Bolivien N, leg. GARLEPP. Zusätzliches Material: 2 ♂, Callanga, Peru S, leg. GARLEPP.

postcingulata JACOBI, 1921 (*Leptataspis*)
(Arch. Naturgesch., 87, p. 62)
1 ♂, 2 ♀ Syntypen (= Holotypus + 2 Paratypen), Torricelli-Gebirge, Kaiser-Wilhelm-Land (Neuguinea), leg. SCHLAGINHAUFEN.

praelata JACOBI, 1908 (*Ischnorhina*)
(Sitz.-Ber. Ges. naturf. Freunde Berlin, 1908, p. 203)
1 ♂ Syntypus, Chanchamayo, Peru; 1 ♀ Syntypus, Sicuani, Peru; 1 ♂ Syntypus, Chanchamayo, Peru S, leg. GARLEPP; 1 ♀ Syntypus, Callanga, Peru S, leg. GARLEPP.

praetor JACOBI, 1908 (*Ischnorhina*)
(Sitz.-Ber. Ges. naturf. Freunde Berlin, 1908, p. 203)
2 ♂ Syntypen, Mapiri, Bolivien N, leg. GARLEPP. Zusätzliches Material: 2 ♂, Mapiri, Bolivien N, leg. GARLEPP.

pygmaea EDM. SCHMIDT, 1909 (*Eoscarta*)
(Stettin. Ent. Z., 70, p. 240–241)
1 ♀ Syntypus, Java.

quadrifera JACOBI, 1908 (*Tomaspis*)
(Sitz.-Ber. Ges. naturf. Freunde Berlin, 1908, p. 210)
1 ♂ Syntypus, Santa Lucia, Ecuador, leg. HAENSCH; 1 ♂, 1 ♀ Syntypen, Balzapamba, Ecuador, leg. HAENSCH.

quadriplagiata JACOBI, 1902 (*Phymatostetha*)
(Sitz.-Ber. Ges. naturf. Freunde Berlin, 1902, p. 25)
1 ♂, 2 ♀ Syntypen, Mau-Son, Tonking (Dem. Rep. Vietnam), leg. FRUHSTORFER.

quinqueguttata JACOBI, 1921 (*Leptataspis*)
(Arch. Naturgesch., 87, p. 61)
2 ♀ Syntypen, Sattelberg, Huon-Golf, Neuguinea.

raripila JACOBI, 1908 (*Tomaspis*)
(Sitz.-Ber. Ges. naturf. Freunde Berlin, 1908, p. 205)
3 ♂, 2 ♀ Syntypen, Santa Inez, Ecuador, leg. HAENSCH; 1 ♀ Syntypus, Balzapamba, Ecuador, leg. HAENSCH.

ravida JACOBI, 1908 (*Tomaspis*)
(Sitz.-Ber. Ges. naturf. Freunde Berlin, 1908, p. 207)
1 ♂, 4 ♀ Syntypen, Marcapata, Peru S, leg. GARLEPP. Zusätzliches Material: 1 ♂, 6 ♀, Marcapata, Peru S, leg. GARLEPP.

roseotincta JACOBI, 1921 (*Eoscarta*)
(Arch. Naturgesch., 87, p. 46)
1 ♀ Syntypus, Gingala, Huon-Golf, Neuguinea, coll. BIRÓ.

rubiana JACOBI, 1905 (*Cosmoscarta*)
(Mitt. Zool. Mus. Berlin, 3, p. 14)
1 ♀ Holotypus, Insel Rubi (? Neuguinea), coll. MEYER.

rubrica JACOBI, 1908 (*Hyboscarta*)
(Sitz.-Ber. Ges. naturf. Freunde Berlin, 1908, p. 208)
1 ♂ Syntypus, Yungas, Bolivien N, leg. GARLEPP. Zusätzliches Material: 1 ♀, Callanga, Peru S, leg. GARLEPP.

sangaris JACOBI, 1905 (*Cosmoscarta*)
(Mitt. Zool. Mus. Berlin, 3, p. 13, tabl. 1, fig. 5)
1 ♂ Syntypus, Luzon (Philippinen), coll. JAGOR.

schlaginhaufeni JACOBI, 1921 (*Leptataspis*)
(Arch. Naturgesch., 87, p. 61–62)
2 ♂, 1 ♀ Syntypen, Torricelli-Gebirge, Kaiser-Wilhelm-Land (Neuguinea), leg. SCHLAGINHAUFEN; 1 ♀ Syntypus (var.), Finschhafen, Neuguinea, leg. FRUHSTORFER; 1 ♀ Syntypus (var.), Dentani, Nieuw Guinea (Irian, Indonesien). Zusätzliches Material: 6 ♂, 5 ♀, Torricelli-Gebirge, Kaiser-Wilhelm-Land (Neuguinea), leg. SCHLAGINHAUFEN.

schmidti JACOBI, 1910 (*Locris*)
(Sitz.-Ber. Ges. naturf. Freunde Berlin, 1910, p. 303, fig. A)
2 ♂, 2 ♀ Syntypen (= Holotypus + 3 Paratypen), Deutsch-Ostafrika (Tansania).

schmidti HAUPT, 1923 (*Pseudaufidus*)
(Deut. Ent. Z., 1923, p. 302–303)
1 ♀ Syntypus, Kwanhsien, Szetschuan, leg. Exp. STÖTZNER. Zusätzliches Material: 3 ♀, Kwanhsien, Szetschuan, leg. Exp. STÖTZNER.

sciodes JACOBI, 1908 (*Simorhina*)
(Sitz.-Ber. Ges. naturf. Freunde Berlin, 1908, p. 209)
1 ♂ Syntypus, Mapiri, Bolivien N, leg. GARLEPP; 1 ♀ Syntypus, Pachitea, Peru C, leg. GARLEPP.

semicrocea JACOBI, 1921 (*Leptataspis*)
(Arch. Naturgesch., 87, p. 60–61)
1 ♀ unbezeichnet (= Holotypus), Nam-Hou, Laos, leg. MICHOLITZ.

semirufus HAUPT, 1923 (*Pseudaufidus*)
(Deut. Ent. Z., 1923, p. 303)
1 ♀ Holotypus, Kwanhsien, Szetschuan, leg. Exp. STÖTZNER.

semperi JACOBI, 1905 (*Mioscarta*)
(Mitt. Zool. Mus. Berlin, 3, p. 21–22)
1 ♀ Syntypus, Philippinen, leg. SEMPER.

signata JACOBI, 1917 (*Literna*)
(VOELTZKOW, A., Reise in Ostafrika in den Jahren 1903–1905, 3. Band, Stuttgart, p. 542, tab. 33, fig. 19)
2 ♀ Syntypen, W. Madagaskar, leg. HILDEBRANDT.

similis EDM. SCHMIDT, 1911 (*Leptataspis*)
(Stettin. Ent. Z., 72, p. 87)
1 ♂, 1 ♀ Syntypen, Soekaranda, Sumatra, leg. DOHRN.

smaragdina JACOBI, 1908 (*Tomaspis*)
(Sitz.-Ber. Ges. naturf. Freunde Berlin, 1908, p. 206)
1 ♀ Syntypus, Mapiri, Bolivien N, leg. GARLEPP.

subliterata JACOBI, 1921 (*Phymatostetha*)
(Arch. Naturgesch., 87, p. 50–51)
1 ♂ Holotypus, Padong Pandjang, Westsumatra, coll. ROLLE.

submaculata var. *sumatrensis* EDM. SCHMIDT, 1909 (*Gynopygoplax*)
(Stettin. Ent. Z., 70, p. 164)
1 ♀ Syntypus, Soekaranda, Sumatra, leg. DOHRN.

subvinacea JACOBI, 1921 (*Locris*)
(Arch. Naturgesch., 87, p. 38)
1 ♂ Syntypus, Jaunde-Station, Kamerun, leg. ZENKER.

sumatrana EDM. SCHMIDT, 1911 (*Leptataspis*)
(Stettin. Ent. Z., 72, p. 85–86)
1 ♂, 1 ♀ Syntypen, Soekaranda, Sumatra, leg. DOHRN.

teres JACOBI, 1908 (*Hyboscarta*)
(Sitz.-Ber. Ges. naturf. Freunde Berlin, 1908, p. 208–209)
2 ♀ Syntypen, Mapiri, Bolivien N, leg. GARLEPP.

tonkinensis EDM. SCHMIDT, 1920 (*Pseudaufidus*)
(Arch. Naturgesch., 85, p. 113)
1 ♀ Syntypus, Mau-Son, Tonking (Dem. Rep. Vietnam), leg. FRUHSTORFER.

torquata JACOBI, 1905 (*Cosmoscarta*)
(Mitt. Zool. Mus. Berlin, 3, p. 12, tabl. 1, fig. 6)
1 ♂, 2 ♀ Syntypen, Palawan. Zusätzliches Material: 2 ♀, Palawan.

torricellianus JACOBI, 1921 (*Megastethodon*)
(Arch. Naturgesch., 87, p. 56)
3 ♂ Syntypen, Torricelli-Gebirge, Kaiser-Wilhelm-Land (Neuguinea), leg. SCHLAGINHAUFEN.

trichodias JACOBI, 1902 (*Cosmoscarta*)
(Sitz.-Ber. Ges. naturf. Freunde Berlin, 1902, p. 24)
1 ♂, 1 ♀ Syntypen, Mau-Son, Tonking (Dem. Rep. Vietnam), leg. FRUHSTORFER.

tricolor var. *bipunctata* EDM. SCHMIDT, 1909 (*Suracarta*)
(Stettin. Ent. Z., 70, p. 179)
1 ♀ Syntypus, Soekaranda, Sumatra, leg. DOHRN.

tricolor subsp. *borneensis* EDM. SCHMIDT, 1909 (*Suracarta*)
(Stettin. Ent. Z., 70, p. 182)
1 ♂ Syntypus, Nordborneo, leg. WATERSTRADT.

tricolor var. *quadripunctata* EDM. SCHMIDT, 1909 (*Suracarta*)
(Stettin. Ent. Z., 70, p. 177–178)
1 ♂ Syntypus, Soekaranda, Sumatra, leg. DOHRN.

tricolor subsp. *rubroplagiata* EDM. SCHMIDT, 1909 (*Suracarta*)
(Stettin. Ent. Z., 70, p. 177)
2 ♀ Syntypen, Soekaranda, Sumatra, leg. DOHRN.

tricolor var. *tripunctata* EDM. SCHMIDT, 1909 (*Suracarta*)
(Stettin. Ent. Z., 70, p. 178)
1 ♀ Syntypus, Soekaranda, Sumatra, leg. DOHRN.

trifissa JACOBI, 1908 (*Tomaspis*)
(Sitz.-Ber. Ges. naturf. Freunde Berlin, 1908, p. 213)
3 ♂, 2 ♀ Syntypen, Pachitea, Peru C, leg. GARLEPP.

trimaculata EDM. SCHMIDT, 1909 (*Considia*)
(Stettin. Ent. Z., 70, p. 239)
1 ♂, 1 ♀ Syntypen, Soekaranda, Sumatra, leg. DOHRN.

tristis JACOBI, 1941 (*Eoscarta*)
(Zool. Jahrb. Syst., 74, p. 282–283)
1 ♂, 1 ♀ Syntypen, Segare, Lombok, leg. Sunda-Exp. RENSCH. Zusätzliches Material: 5 ♂, 4 ♀, Segare, Lombok, leg. Sunda-Exp. RENSCH.

trivittata JACOBI, 1942 (*Tomaspis*)
(TITSCHACK, E., Beitr. z. Fauna Perus, Bd. 2, p. 115 [= Bd. 3, Jena 1952, p. 109])
1 ♂ Syntypus, Chanchamayo, Peru S, leg. GARLEPP; 1 ♀ Syntypus, Pachitea, Peru S, leg. GARLEPP; 1 ♂ Syntypus, Sivia, Südperu, leg. Hamburg. Südperu-Exped. Im General Catalogue von METCALF nicht erfaßt.

uncinata JACOBI, 1917 (*Amberana*)
(VOELTZKOW, A., Reise in Ostafrika in den Jahren 1903–1905, 3. Band, Stuttgart, p. 543, tabl. 32, fig. 15)
2 ♀ Syntypen (= Holotypus + 1 Paratypus), Madagaskar, leg. SIKORA.

unicolor JACOBI, 1910 (*Locris*)
(Sitz.-Ber. Ges. naturf. Freunde Berlin, 1910, p. 304–305, fig. C)
2 ♂, 1 ♀ Syntypen (= Holotypus + 2 Paratypen), Ukami, Deutsch-Ostafrika (Tansania).

unifasciata JACOBI, 1921 (*Literna*)
(Arch. Naturgesch., 87, p. 44–45)

1 ♂, 1 ♀ Syntypen, Bismarckburg (Fazao ?), Togo, coll. CONRADT; 1 ♀ Syntypus, Bismarckburg, Togo, coll. BÜTTNER. Zusätzliches Material: 2 ♀, Bismarckburg, Togo, coll. CONRADT.

vacuola JACOBI, 1928 (*Eoscarta*)
(Ark. Zool., Stockholm, 19, p. 49)
1 ♂ Syntypus, Cedar Creek, Queensland, leg. Exp. MJÖBERG. Zusätzliches Material: 1 ♂, 2 ♀, Cedar Creek, Queensland, leg. Exp. MJÖBERG.

vestigans JACOBI, 1903 (*Locris*)
(Zool. Jahrb. Syst., 19, p. 774–775, tabl. 44, fig. 10, 10a)
2 ♀ Syntypen, Abulcassim (Äthiopien), leg. v. ERLANGER und NEUMANN.

veteranus JACOBI, 1908 (*Tomaspis*)
(Sitz.-Ber. Ges. naturf. Freunde Berlin, 1908, p. 210)
1 ♂ Syntypus, Callanga, Peru S, leg. GARLEPP; 1 ♂, 1 ♀ Syntypen, Yungas, Bolivien N, leg. GARLEPP. Zusätzliches Material: 3 ♂, 5 ♀, Callanga, Peru S, leg. GARLEPP; 2 ♂, 1 ♀, Yungas, Bolivien N, leg. GARLEPP; 1 ♂, 4 ♀, Marcapata, Peru S, leg. GARLEPP; 1 ♀, Mapiri, Bolivien N, leg. GARLEPP.

Aphrophoridae

aethiops JACOBI, 1903 (*Ptyelus*)
(Zool. Jahrb. Syst., 19, p. 775–776)
4 ♂, 2 ♀ Syntypen, Habesch (Äthiopien), leg. NEUMANN.

ambigua JACOBI, 1944 (*Aphrophora*)
(Mitt. Münchn. Ent. Ges., 34, p. 27–28, fig. 8)
16 ♂, 24 ♀ Paratypen (MANNHEIMS), Kuatun, Fukien, leg. KLAPPERICH; 1 ♂ Paratypus (MANNHEIMS), Shaowu, Fukien, leg. KLAPPERICH.

antankara JACOBI, 1917 (*Clovia*)
(VOELTZKOW, A., Reise in Ostafrika in den Jahren 1903–1905, 3. Band, Stuttgart, p. 544, tabl. 33, fig. 28)
1 ♀ Holotypus, Amber-Gebirge, Madagaskar.

aruensis JACOBI, 1921 (*Clovia*)
(Arch. Naturgesch., 87, p. 15)
2 ♀ Syntypen, Key-Inseln; 1 ♀ Syntypus, Aru-Inseln.

australis JACOBI, 1921 (*Eoptyelus*)
(Arch. Naturgesch., 87, p. 9)
1 ♀ Holotypus, N. S. Wales (Australien).

basiclarus JACOBI, 1910 (*Philaenus*)
(Wiss. Ergebn. Schwed. Exp. Deutsch-Ostafrika 1905–1906, 12: Hem., 7: Hom., Stockholm, p. 114, tabl. 1, fig. 28, 28a, C)
7 ♂, 3 ♀ (unbezeichnet), Kilimanjaro (Tansania), leg. Exp. SJÖSTEDT (aus der originalen Typen-Serie).

basiniger JACOBI, 1910 (*Philaenus*)
(Wiss. Ergebn. Schwed. Exp. Deutsch-Ostafrika 1905–1906, 12: Hem., 7: Hom., Stockholm, p. 115, tabl. 1, fig. 27, 27a)

3 ♂, 2 ♀ (unbezeichnet), Kilimanjaro (Tansania), leg. Exp. SJÖSTEDT; 3 ♂ (unbezeichnet), Kibonoto, Kilimanjaro, leg. Exp. SJÖSTEDT; 1 ♂ (unbezeichnet), Meru, Kilimanjaro, leg. Exp. SJÖSTEDT (alle Exemplare aus der originalen Typen-Serie).

bipartita JACOBI, 1944 (*Aphrophora*)
(Mitt. Münchn. Ent. Ges., 34, p. 28–29)
2 ♂, 1 ♀ Paratypen (MANNHEIMS), Kwangtseh, Fukien, leg. KLAPPERICH; 1 ♂ Paratypus (MANNHEIMS), Shaowu, Fukien, leg. KLAPPERICH.

bufonius JACOBI, 1921 (*Peuceptyelus*)
(Arch. Naturgesch., 87, p. 26)
2 ♂ Syntypen (= Holotypus + 1 Paratypus), Tandong, Tenasserim, leg. FRUHSTORFER.

colonus JACOBI, 1943 (*Ptyelus*)
(Arb. morph.-tax. Ent. Berlin-Dahlem, 10, p. 25–26, fig. 4)
1 ♂ Syntypus, Weichache, Mandshukuo, leg. ALIN (Geschlecht und l. t. dieses Exemplars weichen von den Angaben in der Original-Diagnose ab).

consobrina JACOBI, 1943 (*Aphrophora*)
(Arb. morph.-tax. Ent. Berlin-Dahlem, 10, p. 25, fig. 3)
1 ♂ Syntypus, Sjaolin, Mandshukuo, leg. ALIN. Zusätzliches Material: 2 ♀, Sjaolin, Mandshukuo, leg. ALIN; 1 ♂, 1 ♀, Maoerschan, Mandshukuo, leg. ALIN; 1 ♂, 1 ♀, Gaolinzsy, Mandshukuo, leg. ALIN.

cuneifrons JACOBI, 1941 (*Perinoia*)
(Zool. Jahrb. Syst., 74, p. 285, tabl. 5, fig. 5)
1 ♂, 1 ♀ Syntypen, Batoe Doelang, Soembawa, leg. Sunda-Exp. RENSCH. Zusätzliches Material: 10 ♂, 5 ♀, Batoe Doelang, Soembawa, leg. Sunda-Exp. RENSCH.

curtula JACOBI, 1910 (*Sepullia*)
(Wiss. Ergebn. Schwed. Exp. Deutsch-Ostafrika 1905–1906, 12: Hem., 7: Hom., Stockholm, p. 118, tabl. 1, fig. 26)
1 ♂ (unbezeichnet), Nguelo, Usambara, Deutsch-Ostafrika (Tansania) (aus der originalen Typen-Serie).

declivis JACOBI, 1910 (*Clovia*)
(Wiss. Ergebn. Schwed. Exp. Deutsch-Ostafrika 1905–1906, 12: Hem., 7: Hom., Stockholm, p. 114, tabl. 1, fig. 25, 25a–c)
1 ♂, 1 ♀ Syntypen, Kibonoto, Kilimanjaro (Tansania), leg. Exp. SJÖSTEDT; 1 ♀ var., Kibonoto, Kilimanjaro, leg. Exp. SJÖSTEDT. Zusätzliches Material: 2 ♂, 4 ♀, Kilimanjaro, leg. Exp. SJÖSTEDT.

dorsalis JACOBI, 1921 (*Clovia*)
(Arch. Naturgesch., 87, p. 10)
1 ♀ Holotypus, Franz.-Congo (? Gabun).

ebeninus JACOBI, 1908 (*Ptyelus*)
(Sitz.-Ber. Ges. naturf. Freunde Berlin, 1908, p. 201)
2 ♀ Syntypen, Balzapamba, Ecuador, leg. HAENSCH.

expressa var. *sumatrana* EDM. SCHMIDT, 1922 (*Clovia*)
(Zool. Meded., 7, p. 2)
1 ♀ Syntypus, Soekaranda, Sumatra, leg. DOHRN.

extraneus JACOBI, 1943 (*Poophilus*)
(Arb. morph.-tax. Ent. Berlin-Dahlem, 10, p. 23)
1 ♂ Syntypus, Gaolinzsy, Mandshukuo, leg. ALIN. Zusätzliches Material: 1 ♀, Maoerschan, Mandshukuo, leg. ALIN.

flaviscutum JACOBI, 1921 (*Clovia*)
(Arch. Naturgesch., 87, p. 16)
1 ♂ Syntypus, Sattelberg, Huon-Golf, Neuguinea, coll. BIRÓ.

geminata JACOBI, 1921 (*Lepyronia*)
(Arch. Naturgesch., 87, p. 24)
1 ♀ Holotypus, Brasilien.

geminata JACOBI, 1921 (*Perinoia*)
(Arch. Naturgesch., 87, p. 21)
1 ♂ Holotypus, Neu-Georgia (Salomonen-Archipel), coll. ROSENBERG.

grossus var. *fumigatus* JACOBI, 1936 (*Ptyelus*)
(Arquivos do Museu Bocage, Lissabon, 7, p. 41)
1 ♀ (unbezeichnet), Abome, Dahomè (aus der originalen Typen-Serie).

grossus subsp. *insularis* JACOBI, 1912 (*Ptyelus*)
(Wiss. Ergebn. Deutsch. Zentral-Afrika-Exped. 1907–1908, 4. Band, Zool., Leipzig, p. 29)
5 ♂, 3 ♀ Syntypen, Sesse Islands, Victoria Nyassa (Uganda), coll. KOCH.

grossus subsp. *lateritius* JACOBI, 1921 (*Ptyelus*)
(Arch. Naturgesch., 87, p. 6)
1 ♂ Syntypus, Iringa, Deutsch-Ostafrika (Tansania), coll. NIGMANN; 1 ♀ Syntypus, Kidugala, Deutsch-Ostafrika (Tansania). Zusätzliches Material: 1 ♂, 5 ♀, Iringa, Deutsch-Ostafrika (Tansania), coll. NIGMANN.

imitans JACOBI, 1921 (*Perinoia*)
(Arch. Naturgesch., 87, p. 19)
1 ♀ Holotypus, Bougainville, Kieta-Kpt. (Salomonen-Archipel), coll. KURTZ.

impressa JACOBI, 1944 (*Aphrophora*)
(Mitt. Münchn. Ent. Ges., 34, p. 29)
6 ♂, 4 ♀ Paratypen (MANNHEIMS), Kuatun, Fukien, leg. KLAPPERICH. Zusätzliches Material: 5 ♀, Kuatun, Fukien, leg. KLAPPERICH.

insularis JACOBI, 1921 (*Philagra*)
(Arch. Naturgesch., 87, p. 30)
1 ♂ Syntypus, Fuhosho, Formosa, coll. SAUTER; 1 ♂ Syntypus, Koshun, Formosa, coll. SAUTER; (= Holotypus + 1 Paratypus).

internigrans JACOBI, 1921 (*Clovia*)
(Arch. Naturgesch., 87, p. 17)
1 ♀ Syntypus, I. Bertrand, Neuguinea, coll. BIRÓ.

jalapae JACOBI, 1921 (*Aphrophora*)
(Arch. Naturgesch., 87, p. 27)
2 ♂, 2 ♀ Syntypen, Jalapa, Mexico.

lacteisparsus JACOBI, 1944 (*Peuceptyelus*)
(Mitt. Münchn. Ent. Ges., 34, p. 26)
1 ♂ Paratypus (MANNHEIMS), Kwangtseh, Fukien, leg. KLAPPERICH.

laeta JACOBI, 1921 (*Orthorapha*)
(Arch. Naturgesch., 87, p. 23)
1 ♂ Holotypus, Obidos ? (Brasilien).

latipes JACOBI, 1921 (*Perinoia*)
(Arch. Naturgesch., 87, p. 19–20)
1 ♂ Syntypus, Sattelberg, Huon-Golf, Neuguinea, coll. BIRÓ.

latiuscula JACOBI, 1921 (*Clovia*)
(Arch. Naturgesch., 87, p. 16)
1 ♂ Syntypus, Sattelberg, Huon-Golf, Neuguinea, coll. BIRÓ.

major JACOBI, 1910 (*Tremapterus*)
(Wiss. Ergebn. Schwed. Exp. Deutsch-Ostafrika 1905–1906, 12: Hem., 7: Hom., Stockholm, p. 118, tabl. 1, fig. 32, 32a)
1 ♀ Syntypus, Kibonoto, Kilimanjaro (Tansania), leg. Exp. SJÖSTEDT.

mandschurica JACOBI, 1943 (*Aphrophora*)
(Arb. morph.-tax. Ent. Berlin-Dahlem, 10, p. 23–24, fig. 1, 2)
1 ♂, 1 ♀ Syntypen, Gaolinzsy, Mandshukuo, leg. ALIN. Zusätzliches Material: 1 ♂, 1 ♀, Gaolinzsy, Mandshukuo, leg. ALIN; 2 ♂, 1 ♀, Tschen, Mandshukuo, leg. ALIN; 2 ♀, Sjaolin, Mandshukuo, leg. ALIN; 1 ♂, 1 ♀, Maoerschan, Mandshukuo, leg. ALIN; 1 ♂, Erzendjanzsy, Mandshukuo, leg. ALIN.

marginalis EDM. SCHMIDT, 1919 (nom. nov. pro *Plinia ampla* LALLEMAND, 1912, nec *Ptyelus amplus* WALKER, 1851) (*Plinia*)
(Stettin. Ent. Z., 80, p. 381–382)
1 ♀ Syntypus, Soekaranda, Sumatra, leg. DOHRN.

maxima JACOBI, 1921 (*Aphrophora*)
(Arch. Naturgesch., 87, p. 28–29)
1 ♂ Holotypus, Hoozan, Formosa, coll. SAUTER.

meridionalis JACOBI, 1908 (*Avernus*)
(Sitz.-Ber. Ges. naturf. Freunde Berlin, 1908, p. 201)
2 ♂, 1 ♀ Syntypen, Marcapata, Peru S, leg. GARLEPP; 1 ♂ Syntypus, Callanga, Peru S, leg. GARLEPP. Zusätzliches Material: 3 ♂, Marcapata, Peru S, leg. GARLEPP.

monticola JACOBI, 1921 (*Perinoia*)
(Arch. Naturgesch., 87, p. 19)
1 ♂ Holotypus, Torricelli-Gebirge, Kaiser-Wilhelm-Land (Neuguinea), leg. SCHLAGINHAUFEN.

montium JACOBI, 1910 (*Poophilus*)
(Wiss. Ergebn. Schwed. Exp. Deutsch-Ostafrika 1905–1906, 12: Hem., 7: Hom., Stockholm, p. 116–117, fig. G)
1 ♂, 1 ♀ Syntypen, Meru, Kilimanjaro (Tansania), leg. Exp. SJÖSTEDT. Zusätzliches Material: 5 ♂, 1 ♀, Meru, Kilimanjaro, leg. Exp. SJÖSTEDT.

naevia JACOBI, 1944 (*Aphrophora*)
(Mitt. Münchn. Ent. Ges., 34, p. 29–30)
5 ♂, 1 ♀ Paratypen (MANNHEIMS), Kuatun, Fukien, leg. KLAPPERICH. Zusätzliches Material: 5 ♂, 3 ♀, Kuatun, Fukien, leg. KLAPPERICH.

navigans JACOBI, 1921 (*Clovia*)
(Arch. Naturgesch., 87, p. 13)
1 ♂ Syntypus, Samoa, coll. GODEFFROY.

nigrina JACOBI, 1944 (*Aphropsis*)
(Mitt. Münchn. Ent. Ges., 34, p. 26–27)
1 ♀ Paratypus (MANNHEIMS), Kuatun, Fukien, leg. KLAPPERICH.

nigrocuneatus JACOBI, 1921 (*Peuceptyelus*)
(Arch. Naturgesch., 87, p. 25)
1 ♂ Syntypus, Kuku-Nor (China), leg. TANCRÉ.

nox EDM. SCHMIDT, 1922 (*Clovia*)
(Zool. Meded., 7, p. 1)
1 ♀ Syntypus, Soekaranda, Sumatra, leg. DOHRN.

obliqua JACOBI, 1921 (*Lepyronia*)
(Arch. Naturgesch., 87, p. 24)
1 ♂ Holotypus, Rio Grande del Sul, Brasilien, coll. STAUDINGER.

oceanica JACOBI, 1921 (*Clovia*)
(Arch. Naturgesch., 87, p. 14)
1 ♀ Syntypus, Tonga, coll. GODEFFROY.

opacus JACOBI, 1921 (*Peuceptyelus*)
(Arch. Naturgesch., 87, p. 26–27)
1 ♂ (unbezeichnet, = Holotypus), China.

ovalis JACOBI, 1921 (*Aphrophora*)
(Arch. Naturgesch., 87, p. 29)
2 ♂, 2 ♀ Syntypen, China.

penskyi EDM. SCHMIDT, 1922 (*Clovia*)
(Zool. Meded., 7, p. 5)
1 ♀ Syntypus, Soekaranda, Sumatra, leg. DOHRN.

peracuta JACOBI, 1921 (*Clovia*)
(Arch. Naturgesch., 87, p. 13, fig. 3)
1 ♂ Syntypus, Fuhosho, Formosa, coll. SAUTER; 1 ♀ Syntypus, Hoozan, Formosa, coll. SAUTER; 1 ♀ Syntypus, Taihorinsho, Formosa, coll. SAUTER.

permaculata JACOBI, 1921 (*Perinoia*)
(Arch. Naturgesch., 87, p. 20)
2 ♂, 1 ♀ Syntypen (= Holotypus + 2 Paratypen), Bongu, Neuguinea.

postica JACOBI, 1921 (*Clovia*)
(Arch. Naturgesch., 87, p. 17)
1 ♂ Syntypus, I. Deslacs (Neuguinea), coll. BIRÓ.

procerus JACOBI, 1908 (*Egretius*)
(Sitz.-Ber. Ges. naturf. Freunde Berlin, 1908, p. 202)
2 ♂, 2 ♀ Syntypen, Marcapata, Peru S, leg. GARLEPP. Zusätzliches Material: 1 ♂, 2 ♀, Marcapata, Peru S, leg. GARLEPP.

pronotalis JACOBI, 1941 (*Peuceptyelus*)
(Zool. Jahrb. Syst., 74, p. 283–284)
1 ♂ Syntypus, Lombok, leg. Sunda-Exp. RENSCH.

pulchra EDM. SCHMIDT, 1922 (*Clovia*)
(Zool. Meded., 7, p. 3)
1 ♀ Syntypus, Sinabong, Sumatra, leg. DOHRN.

punctipennis EDM. SCHMIDT, 1919 (*Plinia*)
(Stettin. Ent. Z., 80, p. 380)
1 ♀ Syntypus, Soekaranda, Sumatra, leg. DOHRN.

recta JACOBI, 1921 (*Clovia*)
(Arch. Naturgesch., 87, p. 14–15)
1 ♀ Holotypus, Bougainville, Kieta-Kpt. (Salomonen-Archipel), coll. KURTZ.

recta JACOBI, 1921 (*Philagra*)
(Arch. Naturgesch., 87, p. 31)
1 ♀ Holotypus, Kiautschou (China).

resinosa JACOBI, 1921 (*Clovia*)
(Arch. Naturgesch., 87, p. 14)
1 ♀ Holotypus, Celebes (aus Kopal-Harz).

robusta JACOBI, 1917 (*Clovia*)
(VOELTZKOW, A., Reise in Ostafrika in den Jahren 1903–1905, 3. Band, Stuttgart, p. 545, tabl. 33, fig. 31)
1 ♀ Holotypus, Tamatave, Madagaskar.

rugosa JACOBI, 1917 (*Clovia*)
(VOELTZKOW, A., Reise in Ostafrika in den Jahren 1903–1905, 3. Band, Stuttgart, p. 544, tabl. 33, fig. 24, 26)
2 ♀ Syntypen, Madagaskar, coll. HILDEBRANDT; 1 ♀ Syntypus, Antananarivo, Madagaskar, coll. SIKORA.

rugosipennis JACOBI, 1921 (*Aphrophora*)
(Arch. Naturgesch., 87, p. 27–28)
1 ♂, 2 ♀ Syntypen (= Holotypus + 2 Paratypen), Jalapa, Mexico.

sanguisugus JACOBI, 1908 (*Cephisus*)
(Sitz.-Ber. Ges. naturf. Freunde Berlin, 1908, p. 201)
1 ♂, 2 ♀ Syntypen, Chanchamayo, Peru; 1 ♀ Syntypus, Sicuani, Peru, leg. GARLEPP.

scripta JACOBI, 1921 (*Perinoia*)
(Arch. Naturgesch., 87, p. 17–18, fig. 4)
1 ♀ Syntypus, Surabaja, Java; 1 ♀ Syntypus, Tengger-Gebirge, Ostjava, leg. FRUHSTORFER.

scutellaris JACOBI, 1921 (*Perinoia*)
(Arch. Naturgesch., 87, p. 16)
1 ♂ Syntypus, Noord Rivier, Z. Nieuw Guinea (Irian, Indonesien), leg. LORENTZ. Die Art wurde nur erwähnt, eine gesonderte Beschreibung liegt nicht vor.

segregata JACOBI, 1921 (*Perinoia*)
(Arch. Naturgesch., 87, p. 20)
2 ♂, 1 ♀ Syntypen (= Holotypus + 2 Paratypen), Key-Inseln, Molukken.

semiflavus JACOBI, 1921 (*Peuceptyelus*)
(Arch. Naturgesch., 87, p. 26)
1 ♂, 2 ♀ (unbezeichnet, = Holotypus + 2 Paratypen), Tandong, Tenasserim, leg. FRUHSTORFER.

sordidus JACOBI, 1921 (*Eoptyelus*)
(Arch. Naturgesch., 87, p. 9, fig. 2)
2 ♀ Syntypen, Bongu, Kaiser-Wilhelm-Land (Neuguinea); 1 ♀ Syntypus, Stefansort, Astrolabe Bay, Neuguinea, coll. BIRÓ.

sparsuta JACOBI, 1921 (*Perinoia*)
(Arch. Naturgesch., 87, p. 20–21)
1 ♂ Syntypus, Erima, Astrolabe Bay, Neuguinea, coll. BIRÓ.

specialis JACOBI, 1921 (*Perinoia*)
(Arch. Naturgesch., 87, p. 21)
2 ♀ Syntypen (= Holotypus + 1 Paratypus), Shortland-Ins. (Salomonen-Archipel), coll. RIBBE.

stali JACOBI, 1921 (*Clovia*)
(Arch. Naturgesch., 87, p. 12)
2 ♂, 1 ♀ Syntypen, Ins. Banggai, coll. PLATEN.

strigata JACOBI, 1921 (*Clovia*)
(Arch. Naturgesch., 87, p. 15–16)
1 ♂ Syntypus, Sattelberg, Huon-Golf, Neuguinea, coll. BIRÓ.

subrecta JACOBI, 1921 (*Philagra*)
(Arch. Naturgesch., 87, p. 30)
1 ♀ Syntypus, Taihorinsho, Formosa, coll. SAUTER; 2 ♀ Syntypen, Hoozan, Formosa, coll. SAUTER.

sumbawana JACOBI, 1941 (*Perinoia*)
(Zool. Jahrb. Syst., 74, p. 286)
2 ♂ Syntypen, Batoe Doelang, Soembawa, leg. Sunda-Exp. RENSCH. Zusätzliches Material: 7 ♂, 2 ♀, Batoe Doelang, Soembawa, leg. Sunda-Exp. RENSCH.

suppressa JACOBI, 1921 (*Clovia*)
(Arch. Naturgesch., 87, p. 16–17)
1 ♂ Syntypus, Erima, Astrolabe Bay, Neuguinea, coll. BIRÓ.

tenuifasciatus JACOBI, 1921 (*Eicissus*)
(Arch. Naturgesch., 87, p. 22–23)
2 ♂, 5 ♀ Syntypen, Petropolis (Prov. Rio de Janeiro), coll. OHAUS; 1 ♂ Syntypus, Theresopolis (Prov. Rio de Janeiro), coll. OHAUS.

v-nigrum JACOBI, 1921 (*Lepyronia*)
(Arch. Naturgesch., 87, p. 24)
1 Ex. (unbezeichnet; stark beschädigt, Abdomen fehlt), Brasilien, coll. FISCHER v. WALDHEIM. Die Art wurde nur erwähnt, eine gesonderte Beschreibung liegt nicht vor.

Clastopteridae

biplagiata JACOBI, 1942 (*Clastoptera*)
(TITSCHACK, E., Beitr. z. Fauna Perus, Bd. 2, p. 113 [= Bd. 3, Jena 1952, p. 107])
1 ♀ Syntypus, Rio Aguacatal, Westcordilleren, Kolumbien, leg. FASSL; 1 ♀ (unbezeichnet), Rio Aguacatal, Westcordilleren, Kolumbien, leg. FASSL; 1 ♀ (unbezeichnet), Curoico, Bolivien N, leg. GARLEPP. Im General Catalogue von METCALF nicht erfaßt.

ochrospila JACOBI, 1908 (*Clastoptera*)
(Sitz.-Ber. Ges. naturf. Freunde Berlin, 1908, p. 202)
2 ♀ Syntypen, Pachitea, Peru C, leg. GARLEPP; 1 ♀ Syntypus, Mapiri, Bolivien N, leg. GARLEPP; 1 ♀ Syntypus, Callanga, Peru S, leg. GARLEPP.

Auch unter den hier genannten Gruppen fand sich eine Reihe von Exemplaren, die von JACOBI als „Typen" etikettiert und mit Namenszetteln versehen wurden (teilweise mit dem Zusatz „i. l."), über die jedoch keine Veröffentlichung erfolgt ist (auch keine Nennung des Namens allein). Sie werden im folgenden genannt, ihr Studium sei allen speziellen Bearbeitern empfohlen.

Cercopidae

basidentatus JACOBI (*Megastethodon*)
1 ♂ Typus, Humboldt . . ., Nieuw Guinea (? Iriàn).

biseriata JACOBI (*Leptataspis*)
2 ♀ Typen, Noord Rivier, Z. Nieuw Guinea (Irian), leg. LORENTZ.

duplicinigra JACOBI (*Paracercopis*)
1 ♀ Typus, Tien-Yen, Tonking (Dem. Rep. Vietnam), leg. JEANVOINE.

fluvialis JACOBI (*Leptataspis*)
1 ♀ Typus, Noord Rivier, Z. Nieuw Guinea (Irian), leg. LORENTZ.

fovealis JACOBI (*Augustohahnia*)
1 ♀ (unbezeichnet, i. l.), Rawlinnson-Gebirge, Neuguinea.

limakis JACOBI (*Leptataspis*)
1 ♀ Typus, Alkmaar, Z. Nieuw Guinea (Irian), leg. LORENTZ.

mediofasciata JACOBI (*Leptataspis*)
1 ♂, 1 ♀ Typen, Alkmaar, Z. Nieuw Guinea (Irian), leg. LORENTZ.

obtectus JACOBI (*Megastethodon*)
3 ♂ Typen, Noord Rivier, Z. Nieuw Guinea (Irian), leg. LORENTZ; 3 ♀ Typen, Bivak Eiland, Z. Nieuw Guinea, leg. LORENTZ. Zusätzliches Material: 1 ♂, 1 ♀, Noord Rivier, Z. Nieuw Guinea, leg. LORENTZ; 2 ♂, 1 ♀, Bivak Eiland, Z. Nieuw Guinea, leg. LORENTZ.

pallescens JACOBI (*Aufidus*)
1 Ex. Typus, Regen Eiland, Z. Nieuw Guinea (Irian), leg. LORENTZ. Das Tier dieses Präparates ist verlorengegangen. Anbei befand sich 1 ♀ (ohne Etikettierung), welches offenbar dem vorher genannten Exemplar entpricht.

sobrina JACOBI (*Leptataspis*)
1 ♀ Typus, Noord Rivier, Z. Nieuw Guinea (Irian), leg. LORENTZ.

terraecactae JACOBI (*Aufidus*)
3 ♀ Typen, Bivak Eiland, Z. Nieuw Guinea (Irian), leg. LORENTZ; 1 ♀ Typus, Noord Rivier, Z. Nieuw Guinea, leg. LORENTZ; 1 ♂, 1 ♀, Cotypen, Neuguinea.

violaceum JACOBI (*Ectemnonotum*)
2 ♀ Typen, Chapa, Tonking (Dem. Rep. Vietnam), leg. JEANVOINE. Zusätzliches Material: 4 ♀, Chapa, Tonking, leg. JEANVOINE.

Aphrophoridae

angusta JACOBI (*Perinoia*)
1 ♂ Typus, Noord Rivier, Z. Nieuw Guinea (Irian), leg. LORENTZ.

conjuncta JACOBI (*Clovia*)
3 ♂, 2 ♀ Typen, Chapa, Tonking (Dem. Rep. Vietnam), leg. JEANVOINE.

plagiata JACOBI (*Aphrophora*)
1 ♂ Typus, Yunnan (China).

tristis JACOBI (*Perinoia*)
1 ♀ Typus, Z. Nieuw Guinea (Irian), leg. LORENTZ.

Zusammenfassung

Die Erfassung des Typen-Materials wird mit der Gruppe *Cercopoidea* fortgesetzt. Es werden Angaben zu 223 Arten bzw. subspezifischen Einheiten gemacht. Nachstehend werden die Arten genannt, die von JACOBI bereits nominell gekennzeichnet wurden, über die jedoch keine Beschreibung vorliegt.

Summary

THE TYPES OF LEAFHOPPERS (HOMOPTERA, AUCHENORRHYNCHA)
FROM THE STAATLICHES MUSEUM FÜR TIERKUNDE DRESDEN

IIIrd Part: *Cercopoidea*

The registration of the type-specimens is continued by the group of *Cercopoidea*. Informations on 223 species respectively subspecifical terms are given. Following those species are mentioned which already were designated by JACOBI, however, without a description given by him.

Anschrift des Autors:

Dr. Rainer Emmrich, Staatliches Museum für Tierkunde,
DDR – 801 Dresden, Augustusstraße 2.

Berichtigungen

Durch ein bedauerliches Versehen wurden im Personenregister einige Initialen falsch angegeben. Im folgenden steht nur die richtige Schreibweise:

Babeuf, F. N.
Bastiat, F.
Berry, Ch.-F. de Bourbon, Duc de
Bismarck, O. Fürst von
Blanc, J.-J.-L.
Bucchleugh, F. Scott, Duke of
Cabanis, P.-J.-G.
Condorcet, M.-J.-A.-N. de Caritat, Marquis de
Considerant, P.-V.
Dunoyer, B.-Ch.-P.-J.
Fourier, F.-M.-Ch.
Grün, K.-Th.-F.
d'Holbach, P.-H.-Th., Baron
Kant, I.
La Fayette, M.-J.-P., G. de Motier, Marquis de
Marshall, A.
Montesquieu, Ch.-L. de Secondat, Baron de la Brède et de
Sismondi, J.-Ch.-L. Simonde de
Stavenhagen, G.
Sully, M. de Béthune, Baron de Rosny, Duc de
Tocqueville, Ch.-A.-H. C. de
Tugan-Baranovskij, M. I.

FSC
www.fsc.org
MIX
Papier | Fördert gute Waldnutzung
FSC® C083411

Zeitfracht Medien GmbH
Ferdinand-Jühlke-Straße 7
99095 Erfurt, Deutschland
produktsicherheit@kolibri360.de